Neha Bhatia

Le Discours Orientaliste

AF138569

Neha Bhatia

Le Discours Orientaliste

La Nuit Bengali (1950) de Mircea Eliade et It does not die (1976) de Maitreyi Devi

Éditions universitaires européennes

Impressum / Mentions légales

Bibliografische Information der Deutschen Nationalbibliothek: Die Deutsche Nationalbibliothek verzeichnet diese Publikation in der Deutschen Nationalbibliografie; detaillierte bibliografische Daten sind im Internet über http://dnb.d-nb.de abrufbar.
Alle in diesem Buch genannten Marken und Produktnamen unterliegen warenzeichen-, marken- oder patentrechtlichem Schutz bzw. sind Warenzeichen oder eingetragene Warenzeichen der jeweiligen Inhaber. Die Wiedergabe von Marken, Produktnamen, Gebrauchsnamen, Handelsnamen, Warenbezeichnungen u.s.w. in diesem Werk berechtigt auch ohne besondere Kennzeichnung nicht zu der Annahme, dass solche Namen im Sinne der Warenzeichen- und Markenschutzgesetzgebung als frei zu betrachten wären und daher von jedermann benutzt werden dürften.

Information bibliographique publiée par la Deutsche Nationalbibliothek: La Deutsche Nationalbibliothek inscrit cette publication à la Deutsche Nationalbibliografie; des données bibliographiques détaillées sont disponibles sur internet à l'adresse http://dnb.d-nb.de.
Toutes marques et noms de produits mentionnés dans ce livre demeurent sous la protection des marques, des marques déposées et des brevets, et sont des marques ou des marques déposées de leurs détenteurs respectifs. L'utilisation des marques, noms de produits, noms communs, noms commerciaux, descriptions de produits, etc, même sans qu'ils soient mentionnés de façon particulière dans ce livre ne signifie en aucune façon que ces noms peuvent être utilisés sans restriction à l'égard de la législation pour la protection des marques et des marques déposées et pourraient donc être utilisés par quiconque.

Coverbild / Photo de couverture: www.ingimage.com

Verlag / Editeur:
Éditions universitaires européennes
ist ein Imprint der / est une marque déposée de
OmniScriptum GmbH & Co. KG
Heinrich-Böcking-Str. 6-8, 66121 Saarbrücken, Deutschland / Allemagne
Email: info@editions-ue.com

Herstellung: siehe letzte Seite /
Impression: voir la dernière page
ISBN: 978-3-8417-3502-7

LE DISCOURS ORIENTALISTE, *LA NUIT BENGALI* (1950) DE MIRCEA ELIADE ET *IT DOES NOT DIE* (1976) DE MAITREYI DEVI

Neha Bhatia

À mes parents et à mon gourou

Remerciements

- Ce livre n'aurait pu être réalisé sans le soutient de mon maître, M. Ashish Agnihotri. Je tiens mes remerciements les plus chaleureux pour l'inspiration en partageant sa passion pour la littérature..

- J'exprime ma gratitude sincère à EUE- la maison d'édition ainsi que à mon éditeur Christine leclerc pour ses conseils et renseignements dans la création du livre.

- Je souhaite présenter mes remerciements à Mme Vijayalaxmi Rao, qui a apporté à mon travail son savoir dans le cours et lui a donné une nouvelle dimension.

- J'aimerais également remercier à Shahbaz Ahmad, non seulement pour son amitié mais aussi pour me donner des idées remarquables en m'encourageant au cours de ces quatre années.

- Mes parents, ma sœur et mon frère qui ont toujours eu confiance en moi et qui m'ont aidé durant les moments les plus durs et pendant la réalisation de ce livre.

Table des Matières

Introduction

« L'intérêt et l'engouement pour
l'Orient ne sont certes pas nouveaux.
Depuis *La Chanson de Roland* aux
Lettres persanes nous pouvons
retrouver des traces des
représentations qui se sont constituées
au fil des siècles dans l'imaginaire
européen. »[1]

À travers tous les écrits, récits et lettres de voyage, des écrivains ont entrepris le voyage en Orient comme rite initiatique pour créer une peinture fantasmatique et ambivalente d'un Orient littéraire. Cet Orient a ainsi été un pur produit de l'ethnocentrisme européen. Le 19ᵉ siècle est celui de l'impérialisme et du colonialisme ; l'écrivain-voyageur « orientaliste » continue à explorer la terre Orientale. Il fait le documentaire des mêmes représentations de l'Orient d'une façon systématique et objective. Or, la différence entre le « soi » et l'« autre » n'est soulignée que pour servir de faire-valoir à la supériorité de l'Occident spectateur d'un Orient supposément en phase de décadence morale.

Dans ce livre, nous allons essayer d'approfondir notre connaissance plus du dialogue entre l'Orient et l'Occident en faisant une analyse comparée de deux ouvrages littéraires, *La nuit bengali* (1950) de Mircea Eliade et *It does not die* (1976) de Maitreyi Devi. Mircea Eliade est un Européen, né en 1907 à Bucarest qui eu un contact direct avec l'Inde de 1928 à 1931 sous son gourou, Surendranath Das Gupta. Il a préparé une thèse

---

[1] MOUHOUB,Yamina ,« Un "parfum d'Orient" dans la littérature française du XIXe siècle », in. Brèves littéraires, vol. 11, n° 3, 1997, p. 104-110, http://id.erudit.org/iderudit/5796ac

de doctorat sur le yoga, a enseigné la philosophie à l'université de Bucarest de 1933 à 1940. Il devient, en 1945, professeur à l'Ecole des Hautes Études et commence à écrire directement en français. Écrivain prolifique, historien, journaliste et philosophe à la fois. Ainsi que l'auteur des ouvrages célèbres comme *Le mythe de l'eternel retour* (1949), *Mythes, rêves et mystères* (1957), *Forêt interdite* (1955) et ainsi de suite…

Son roman *La nuit bengali* est un journal intime où il nous présente Allan, un jeune ingénieur européen. Son chef Narendra Sen, un Bengali l'adopte comme un disciple et l'introduit dans sa famille. Narendra Sen a une fille de seize ans, Maitreyi, qui commence par ne pas plaire à Allan. Cependant, Allan essaie de s'adapter au milieu et aux mœurs bengalis, il est à la fois fasciné par la beauté physique de la jeune fille et son extraordinaire savoir spirituel. En plus, l'attitude très bienveillante de Narendra Sen et de sa femme lui donnent l'impression qu'ils songent à lui faire épouser Maitreyi. Il la désire sans songer que les traditions religieuses bengalis interdisent un tel mariage. Un amour profond et passionné naît entre eux. Leur liaison est découverte quand Lilou, la petite fille de Maitreyi parle à sa mère à propos d'Allan et Maitreyi.

Par conséquent, Narendra Sen demande immédiatement à Allan de quitter sa maison et de ne plus jamais revoir Maitreyi. Le temps cependant n'efface pas cet amour. Maitreyi vit en rêvant de rejoindre Allan. Mais, Allan partagé entre le regret de l'aventure et la torture d'une jalousie n'arrive jamais à oublier le charme de sa bien-aimée. Nous trouvons donc que le charme de Maitreyi continue à tourmenter l'âme d'Allan.

Son roman a eu un succès énorme en France. Maitreyi Devi se rend compte de « la fantaisie coloniale » autour d'elle et l'Inde et écrit sa propre vérité dans l'ouvrage *It does not die* (1976) après 40 ans parce qu'elle trouve le roman d'Eliade « scandaleux ». Maitreyi Devi est née en 1914. Fille d'un intellectuel Bengali, Surendranath das Gupta et protégé de Rabindranath Tagore. Une écrivaine Bengali, une poète et une philosophe à la fois. *Na hanyate* est une autobiographie écrite en bengali en 1974 puis traduit en anglais. Elle parle de sa rencontre avec Eliade entre 1930 à 1973 ainsi que la vie sociopolitique de cette époque-là. L'histoire commence avec l'anniversaire d'Amrita le 1 septembre 1972. Maintenant, elle est une femme mariée, une grande mère et un écrivain populaire. M. Sergui lui parle du livre *La nuit bengali* qu'elle trouve « scandaleux ». Elle plonge dans l'éternité en se retrouvant entre 1972 et 1930 quand elle avait rencontré Mircea Euclid, son nom fictif dans le roman d'Eliade. Elle revit son passe à travers son écriture. En fait, elle donne sa version de l'histoire. Son œuvre décrit beaucoup plus que sa liaison avec Allan. Son œuvre est plus expressive, volubile que celle d'Eliade. Elle dépeint l'Inde de 1930 avec ces histoires, ces salons littéraires. Elle parle de l'art, de la culture, de la famille, de l'immortalité et de l'amour éternel dans ce roman.

Ces deux textes littéraires s'émergent comme une guerre de pouvoir entre deux cultures, deux sexes et deux mondes différents. *It does not die* est anticolonial, anti patriarcal avec un esprit nationaliste contre la 'représentation' de Maitreyi dans *La nuit bengali*. L'ouvrage d'Eliade souligne l'esprit colonial et les structures orientalistes. Au contraire, le roman de Maitreyi Devi marque une étape 'moderne' en Inde ainsi que la femme orientale cesse d'être un objet muet. Alors, son roman est une manifestation de l'ouvrage postcolonial, féministe dont elle renverse l'ordre social et les structures orientalistes ce qui fera l'objet de cette étude. Nous avons divisé cet ouvrage dans trois parties puis, chaque partie sera divisée en deux sous-parties.

Dans le premier chapitre intitulé « La politique de l'amour », nous allons explorer les relations entre Allan, représentant de l'Occident et Maitreyi, représentante de l'Orient en appuyant sur deux approches différentes : l'approche politique et l'approche psychanalytique. Dans la première partie intitulée, « Les relations du pouvoir », nous allons montrer à la lumière de l'ouvrage de Saïd *Orientalism* (1978) que la relation entre Allan et Maitreyi est fondée sur la notion du pouvoir et la dominance dans *La nuit bengali*. La deuxième partie intitulée « Les désirs inconscients » sera consacrée sur les désirs inconscients derrière la 'représentation' exotique et érotique de Maitreyi dans *La nuit bengali* en abordant sur l'ouvrage de Yegenoglu, *Colonial Fantasies* (1998) et la notion lacanienne de la fantaisie.

Le deuxième chapitre intitulé « La femme emprisonnée » sera consacré à la condition véritable de la femme orientale à travers le roman *It does not die* qui pose un défi à la représentation de Maitreyi chez Eliade. D'abord dans la première partie, « La structure patriarcale » nous allons parler de la société indienne patriarcale à travers ce roman. Dans la deuxième partie, « Maitreyi, la femme marginalisée par excellence » nous allons montrer les liens entre la théorie postcolonial et la théorie féministe pour parler de la 'double colonisation' de Maitreyi Devi. Ensuite, nous allons parler de la politique derrière la 'représentation' de Maitreyi en s'appuyant sur l'ouvrage de Gayatri Spivak, *Can the Subaltern Speak ?* (1988)

Dans le troisième chapitre intitulé, « La Renaissance du Bengale : l'émancipation de la femme », nous allons démontrer le cadre historique du 19e siècle et 20e siècles du Bengale pour comprendre comment Maitreyi arrive à écrire une contre version de *La nuit bengali*. La première partie « La Renaissance dans l'écriture », nous allons discuter la renaissance du Bengale qui mène à la renaissance de l'écriture en parlant du roman *It does not die*. Dans la deuxième partie « Maitreyi, femme en métamorphose : entre la maison et le monde », nous allons montrer comment Maitreyi Devi marque la fin de la 'double colonisation' en traversant dans 'le monde' à travers l'autobiographie.

Passons ainsi au premier chapitre intitulé « La politique de l'amour ».

Chapitre I

La politique de l'amour

> « En littérature, le goût romantique pour la
> nature, la couleur locale, l'exotisme,
> l'évasion, trouve un monde idéal dans la
> variété des paysages, les mœurs d'un Orient
> raffinée et barbare si proche et si lointain
> que des peintres Orientalistes ont représenté
> sur leurs toiles. »[2]

L'Orient reste au point d'intérêt jusqu'au début du 20e siècle dans la littérature européenne. Il est également une terre-femme sensuelle et perverse ornée et parfumée pour l'amour, à conquérir et à posséder. Mais la femme orientale d'autant plus inaccessible et désirable qu'elle est interdite à l'étranger par le voile. Les relations entre l'Orient et l'Occident donc restent complexes ce que nous allons explorer dans ce chapitre. Nous avons divisé ce chapitre en deux parties : dans la première partie, nous allons nous appuyer sur la théorie de Saïd *Orientalism* (1978) pour analyser les relations entre Maitreyi et Allan dans *La nuit bengali* (1950) de Mircea Eliade. Et dans la deuxième partie, nous allons concentrer sur le côté inconscient pour mieux comprendre leur relation.

1. Les relations du pouvoir

Les études postcoloniales se basent sur le discours du pouvoir et du savoir du colonisateur et du colonisé. Le théoricien français, Michel Foucault développe cette notion du discours dans son ouvrage célèbre, *L'Archéologie du savoir* (1972). Pour lui, le discours a une dimension politique. Il est convaincu que le pouvoir et le savoir sont intimement liés. Cependant, les relations sociales sont forcément et inévitablement les

---

[2] Ibid., p.2

relations du pouvoir. Selon lui, il n'existe aucun champ social possible en dehors ou au de-là du pouvoir ni aucune forme d'interaction interpersonnelle qui ne soit en même temps une relation du pouvoir. Michel Foucault explique cette notion dans un entretien en ces termes:

> « [...] entre chaque point d'un corps social, entre un homme et une femme, entre les membres d'une famille, entre un maître et son élève, entre tous ceux qui connaissent et tous ceux qui n'a pas, il existe des relations de puissance. »[3]

Saïd utilise l'idée foucaldienne du 'discours' dans sa grande œuvre *L'Orientalisme* (1978). Il modifie cette notion du savoir et du pouvoir pour parler des relations entre l'Orient et l'Occident. Il dit que l'Orient est un discours qui est inévitablement lié avec la notion du pouvoir et de la dominance. Saïd décrit cet aspect dans les mots que voici :

> « Actual human interchange between Oriental and Westener was symetrically repressed. Orientals had no voice on the Orientalist Stage. »[4]

C'est-à-dire, les relations entre l'Orient et l'Occident sont asymétriques. L'Orient reste un spectacle pour les Européens. Ils parlent et représentent l'Orient à travers les œuvres littéraires sans en avoir de véritable connaissance. En fait, l'Orient n'a pas de voix dans les œuvres orientalistes. Saïd remarque que l'Orient a été structuré, restructuré et crée à

---

[3] FOUCAULT Michel (1980), « Les rapports de pouvoir passent à l'intérieur des corps », entretien avec L' Finas, La Quinzaine littéraire, numéro 247, 1977, p.4-6.
[4] Saïd Edward, *Orientalism,* Penguin Books, New Delhi, 1991, p. 95

travers des œuvres littéraires et s'évolue grâce à la littérature du voyage, la découverte, de l'utopie imaginaire et l'exploration.

Les mêmes idées se manifestent dans le roman *La nuit bengali* (1950) de Mircea Eliade. *La nuit Bengali* est aussi un texte Orientaliste. L'histoire nous présente une jeune fille bengali de seize ans, Maitreyi Dev et. Allan, le narrateur du roman, un jeune ingénieur Européen qui est très fier de sa nationalité et de ses origines continentales. Au début du roman, il essaie de retrouver des souvenirs « vagues » de sa rencontre avec Maitreyi Devi.

Eliade nous présente Allan comme « le maître unique en sa qualité de seul blanc. »[5] Tandis qu'il décrit Maitreyi comme : « Je ne la comprenais pas. Je voyais en elle un enfant, une primitive. Ses paroles m'attiraient, sa pensée incohérente et ses naïvetés m'enchantaient. »[6]

En lisant ces deux citations nous remarquerons qu'Allan se considère un être supérieur en fait un « maître » et un « blanc » qui a un certain pouvoir à exercer sur cette fille, Maitreyi. Cependant, dès le début du roman l'auteur crée une hiérarchie en parlant d'Allan comme un « maître » et Maitreyi comme un « enfant» et une « primitive ». Allan crée des oppositions binaires comme adulte/un enfant et civilisé/barbare pour décrire sa relation avec Maitreyi. Le regard d'Eliade est typiquement occidental. Selon Saïd, l'Orientalisme est une représentation systématique de l'Orient. L'Orientalisme divise le monde en deux parties : l'est et l'ouest ou l'Orient et l'Occident, le civilisé et le barbare, le soi et l'autre. Ainsi, selon A.L. Macfie, un critique explique cette notion :

> « Europe (the west, the "self" is[…]
> essentially rational, developed, humane,
> superior, authentic, active, creative, and

[5] Eliade Mircea, *La nuit Bengali*, Édition Gallimard, Paris ; 1950, p. 15
[6] *ibid. p.* 59

masculine, while the orient(the east, "the other"),(a sort of surrogate, underground version of the west or the "self") is […] irrational ,aberrant, despotic, inferior, passive, feminine and sexually corrupt. »[7]

Quand Allan commence à parler avec Maitreyi il décrit leur relation comme si « Un homme normal entré en relation avec un barbare. »[8]

Toutefois, Allan étant un Orientaliste suppose qu'il est supérieur à Maitreyi donc il exige un certain pouvoir pour la représenter. C'est pourquoi, il décrit le corps de Maitreyi dans les mots que voici :

« Ses boucles noires, ses yeux trop grands, ses lèvres trop rouges vivaient dans ce corps voilé, d'une vie presque inhumaine, miraculeuse et peu réel. »[9]

Nous pouvons remarquer des contradictions dans cet extrait en examinant l'usage des mots « vivaient » et « inhumaine » ensemble pour décrire le personnage Maitreyi. En plus, nous avons dit que le corps de Maitreyi est « voilé » alors comment l'auteur arrive à donner la physionomie de Maitreyi ? En fait, nous y observons qu'il dévoile le corps de Maitreyi et se trouve justement obsédé par le corps et la beauté magnifique de Maitreyi qu'il a agrandit avec son imagination. Leur relation n'est pas amoureuse parce qu'il constate lui-même :

[7] Macfie A.L., *Orientalism*, Pearson Education, London, 2002, p. 8
[8] Eliade Mircea, Op. cit., p. 59
[9] *ibid.*, p. 20

> « Elle me trouble, me fascine mais je ne
> suis pas amoureux. Je m'amuse, tout
> simplement. »[10]

Pour Allan, Maitreyi n'est qu'un objet pour s'amuser. Il est séduit par son corps et rien de plus que lui attire. Alors, pour Allan ce n'est qu'une relation entre un « barbare » et un homme « normal » ce qu'on a déjà constaté. Il est à la fois intoxiqué par Maitreyi. Il dit encore :

> « J'avais l'illusion de l'aimer. Rien d'autre.
> Je compris une fois de plus ce qui m'attirait
> en elle : l'absurde, l'inattendu de tout son
> être, sa virginité barbare […] j'étais
> ensorcelé et non pas amoureux. »[11]

Par le biais de cet extrait, nous observons qu'il se trouve fasciné par « sa virginité barbare ». Il est fort intéressant de voir que l'image de Maitreyi oscille entre la pureté d'un Virgin et un barbare. En plus, l'usage répétitif des mots comme « barbare » et « primitive » ainsi que la manière dont Allan nous parle de son obsession avec le corps de Maitreyi montrent que *La nuit bengali* n'est pas une simple histoire d'amour mais du pouvoir et de la domination. Maitreyi reste un objet de jouissance à maîtriser sans voix. C'est Allan qui parle de Maitreyi. Il domine le texte et nous représente Maitreyi.

Foucault analyse la notion du pouvoir que toutes les relations humaines sont une guerre et les négociations du pouvoir. Cependant, le pouvoir porte des connotations négatives de posséder et opprimer quelqu'un. En ce qui concerne, *La nuit bengali*, Maitreyi a été opprimé par Allan. Pour lui, la personne aimée n'est qu'un simple objet à posséder qui est évident dans ces mots tiré du roman:

---

[10] *ibid.*, p. 103
[11] *ibid.*, p. 122

« Quand nous serons unis, nous nous aimerons sans limite, lui dis-je. Je te posséderais tout entière. »[12]

Une grande partie du roman se consacre à ses relations passionnées avec Maitreyi. Plusieurs fois, il essaie de l'embrasser de force. Il dit encore que « J'étais certain d'embrasser Maitreyi tout entière, de la caresser, de la posséder. »[13] Alors, Allan utilise son pouvoir d'être un homme européen pour posséder et opprimer Maitreyi. Ainsi que sa passion pour Maitreyi s'accroît. Il dit que « la passion tout entière s'était concentrée sous cette peau d'un brun mat. »[14]

Alors, Allan ayant le savoir et le pouvoir européen arrive à dominer et posséder Maitreyi. Comme dit Foucault, le savoir apporte toujours le pouvoir. Les relations entre Allan et Maitreyi sont les relations de la domination non pas de l'amour. L'amour n'est pas une valeur pour Allan. Son but est seulement de la posséder en fait de posséder « la chair » de Maitreyi.

En présupposant que l'Orient est inférieure et donc incapable de se représenter, les Européens commencent à construire l'Orient. Comme dans l'œuvre, Allan étant un orientaliste nous représente Maitreyi. Maitreyi devient la figure de l'autre et l'énigme de l'est. La structure des textes orientaux est telle que l'autre est nié de la parole. Dans ce roman, Maitreyi reste silencieuse. Elle devient un objet « exotique » pour Allan. Elle est une manifestation de l'autre ou l'Orient. Eliade crée tout un mystère autour de Maitreyi. Allan parle de sa fascination avec Maitreyi : « J'étais plutôt fasciné par sa

---

[12] *ibid.*, p.157
[13] *ibid.*, p. 138
[14] *ibid.*, p. 138

nature, ensorcelé par le mystère de son existence. »[15] En fait, C'est le mystère de Maitreyi qui trouble Allan.

Toutefois, la représentation de Maitreyi a été « stéréotypée » et « essentialisée » et « homogénéisée » par Eliade. En fait, il construit Maitreyi à travers son œuvre en parlant de son corps et de sa personnalité. Saïd remarque dans *Orientalism* (1978) cette idée:

> « The very act of creating is a sign of imperial power […] as well as a confirmation of dominating culture. »[16]

Toutefois, nous avons remarqué qu'Allan, étant un Européen, construit l'image de Maitreyi comme « exotique », « primitive » et « mystérieux » dans cet ouvrage. Alors, *La nuit Bengali* n'est pas seulement une histoire de l'amour entre un européen Allan et une indienne Maitreyi mais le symbole du pouvoir coloniale dans laquelle Allan domine et possède Maitreyi à cause de son pouvoir européen. Dans son ouvrage, Saïd constate que les relations entre l'Occident et l'Orient sont celle de la domination et du pouvoir dans ces mots que voici :

> « The relationship between Occident and Orient is a relationship of power, of domination, of varying degrees of a complex hegemony. »[17]

---

[15] *ibid.* p. 71
[16] Saïd Edward, Op. cit., p.146
[17] *ibid.*, p. 5

Maitreyi Devi s'interroge l'hégémonie orientale et le pouvoir patriarcale en écrivant une contre version qui s'appelle *It does not die* (1976). Elle expose et examine les aspects raciaux, impérialistes et sexuels qui façonnent l'œuvre *La nuit bengali*. Son tâche n'est pas une inversion des hiérarchies mais de les exposer, les interpréter même les transcender. Or, elle aussi exerce un certain pouvoir sur Eliade en écrivant son propre histoire. Foucault constate que les relations humaines sont comme une guerre et les négociations du pouvoir ce qu'on a déjà remarqué.

Toutefois, l'Occident a orientalisé l'Orient surtout la femme orientale. La femme qui est déjà l'autre de la société. Elle est toujours considérée inférieure aux hommes. Comme l'Orient est l'autre de l'Occident. Parallèlement, la femme est considérée l'autre de l'homme. Alors la femme orientale est doublement marginalisée étant « née femme » et le fait d' « être orient ». Nous allons élaborer des liens entre le discours orientalistes et le discours féministe dans le deuxième chapitre.

1.   Les désirs inconscients

Orientalism de Saïd est un texte canonique de l'étude culturelle dans lequel il met en question le concept de l'Orientalisme ou la différence entre l'est et l'ouest. Il dit que les Européens entrent en contact avec des pays sous développé pendant la colonisation. Ils trouvent leurs civilisations et leurs cultures très exotiques et établit une science de l'Orientalisme qui est l'étude de l'Orient. Saïd constate qu'il existe une dimension culturelle et politique dans les mots que voici:

> « Orientalism is a cultural and political fact,
> the knit does not exist in some archival
> vaccum. »[18]

---

[18] *ibid.*, p. 13

Ainsi, les textes orientaux créent des stéréotypes autour de l'Orient. Saïd remarque cette idée en ces temes :

> « Everyone who writes about the Orient
> must locate himself vis-à-vis the Orient
> translated in to text, this location includes
> the kind of narrative he adopts, the type of
> structure he builds, the kind of images,
> themes, motifs that circulate in his text - all
> which add up to deliberate ways of
> addressing the reader, containing the Orient,
> and finally, representing it or speaking on its
> behalf. »[19]

La nuit bengali (1950) de Mircea Eliade tombe dans la catégorie des « romans exotiques ». En fait, Eliade reprend les thèmes et les personnages similaires du roman exotique. Il porte un regard occidental sur l'orient en créant une image stéréotypée d'une femme orientale, Maitreyi Devi. C'est un texte Orientaliste. Au début du roman, Allan nous introduit avec Lucien Metz qui est un voyageur et un journaliste européen.

En fait, il représente un Européen typique avec plein d'arrogance et qui est fasciné par l'Inde donc il y vient pour écrire un livre sur ce pays. Le texte le reconnait dans les mots suivants :

> « Lucien voulait écrire un livre sur l'Inde
> moderne. Depuis quelques mois, il recueillait

---

[19] *Ibid.*, p. 20

des interviews, visait les prisons, prenait des photographies. »[20]

Saïd montre les liens entre "l'œuvres européennes" et le "silence orientale" comme un résultat d'un symbole du pouvoir colonial et occidentale. Alors, Lucien étant un Européen aussi a certain pouvoir d'écrire sur l'Inde dans laquelle l'Inde reste silence. Jusqu'à maintenant, nous avons essayé de comprendre que les relations entre l'Orient et l'Occident sont celle du pouvoir et de la domination.

Or, Yegenoglu dans son ouvrage, *Colonial fantasies* (1998) remarque que nous avons toujours discuté l'Orientalisme et ses rapports avec la colonisation comme un phénomène économique, politique et culturel. Nous avons rarement exploré des aspects inconscients du système colonial. L'examen de la structure de l'inconscient est indispensable pour comprendre la nature sexuelle de l'Orientalisme. Cependant, la fantaisie et le désir comme un processus de l'inconscient joue un rôle important pour mieux saisir les relations entre l'Orient et l'Occident. Selon l'auteur :

«The Western acts of understanding the Orient and its women are not two distinct enterprises, but rather are interwoven aspects of the same gesture. Thus, in referring to the scene of the sexual and the site of the unconscious, I do not simply mean the ways in which the figure of the Oriental woman or Oriental sexuality is *represented*. I am rather referring to the ways in which representations of the Orient

---

[20] ELIADE Mircea, Op. cit., p.17

are interwoven by sexual imageries unconscious fantasies and dreams. »[21]

En ce qui concerne, *La nuit bengali*, Lucien qui vise à écrire un livre sur l'Inde. Il ne connait pas l'Inde et surtout les femmes indiennes donc il pose plusieurs questions autour des femmes orientales. Ce texte reconnait :

> « Il connaissait vaguement leur existence dans le *pardah*, avait des lumières sur leurs droits civiques et surtout les mariages entre enfants. Il me demanda plusieurs fois :
>
> Allan, est-il vrai que ces gens la se marient avec des petites filles de huit ans. ? »[22]

On peut constater que l'Orient reste « inconnu », « mystérieux » et même « exotique » pour les européens. La description de Maitreyi comme « une créature mystérieuse » est un exemple du regard de l'Occident sur l'Orient. Elle devient un objet de spectacle pour Allan et son ami Lucien. En fait, l'épisode dont Lucien demande la permission d'examiner « les costumes de Maitreyi, ses bijoux et ses ornements »[23] est un bon exemple du regard occidental.

Ainsi, pendant le 18e et 19e siècle les européens construisent toute une image de la femme orientale basée sur les fantaisies et les désirs sexuels. Dans l'œuvre de *La nuit bengali* aussi, Allan se trouve intoxiqué par la figure obscure de Maitreyi. Son mystère

---

[21] Yegenoglu Mayda, *Colonial fantasies: Towards a feminist reading of Orientalism,* Cambridge University Press, 1998, p. 26
[22] Eliade Mircea, Op. cit., p.17
[23] *ibid.,* p.21

l'attire. Il imagine et a un soif pour le corps de Mairteyi. Elle est une « inconnue »,
« étrange » et l'autre pour lui. Cependant, il est presque obsédé par le corps de Maitreyi
et elle reste donc dans son inconscient. La citation suivante tirée du texte l'affirme :

> « La plus souvent l'amour agit comme un
> toxique. Je rêve de mariage, je vois mes
> enfants, mes fils. Je perds tout mon temps. Il
> m'est difficile de concentrer mon esprit. »[24]

Il existe des autres œuvres qui parle de la même idée comme *Salammbo* (1862), un
ouvrage de Flaubert dans lequel Flaubert parvient a suggéré l'atmosphère d'une ville
africaine, au carrefour de la civilisation et de la barbarie, avec ses contrastes de luxe et
de misère, d'ascétisme mystique et des superstitions cruelles, d'héroïsme et de
l'achetée.[25] En plus, Flaubert parle de la figure érotique Kuchuk Hanem dans une lettre
adressée à Louis Bouilhet. Kuchuk reste selon Saïd, « le prototype » de plusieurs
personnages féminins orientaux dans la littérature européenne. La femme orientale est
toujours représentée mais elle ne se représente jamais. Toutefois, la représentation de
l'Orient s'entremêle avec les images sexuelles, les désirs, les rêves en créant toute un
mystère autour de la femme orientale.

En plus, les européens arrivent à représenter la femme orientale comme mystérieuse et
exotique mais aussi l'Orient comme féminin, toujours voilé et dangereux avec plein des
clichés et stéréotypes. Mais la question qui se pose est alors pourquoi l'Orient et la
femme orientale deviennent un objet de désir pour les européens ? Pourquoi nous avons
tant d'ouvrages sur les caractéristiques sensuelles et mystérieuses de l'Orient ?

Il est important de comprendre des relations entre l'Orient et l'Occident sans ignorer
l'approche historique. C'est-à-dire, il faut prendre en considération les deux aspects, le

---

[24] *ibid.*, p. 110
[25] Lagarde et Michard, *Collection littéraire, 19ᵉ siècle*, éd. Bordas, 1953, p. 469

jeu du pouvoir et du savoir ainsi que les représentations « exotiques » de l'autre pour parler de leur relation. Il est nécessaire de s'engager dans l'analyse d'une vision de l'inconscient de l'Orientalisme. Nous allons voir comment la fantaisie et le désir s'entremêlent avec l'idée du pouvoir et de la domination mais inconsciemment.

Dans l'analyse psychologique, nous nous concentrons sur des motifs inconscients. L'inconscient a une influence puissante sur nos actions. L'Orient devient un objet de désir pour les Européens parce qu'il reste cacher donc mystérieux et l'autre pour les européens. Nous avons déjà dit que les relations entre Allan et Maitreyi sont celle du pouvoir mais le côté inconscient est également important pour bien comprendre leurs relations. Pour Lucien, les femmes indiennes restent dans « la voile » cependant la découverte d'une maison bengali et la femme bengali, Maitreyi est fascinant pour Allan et Lucien. L'Inde et des femmes indiennes qui restent toujours cacher deviennent donc la cause de la curiosité et des désirs inconscients. Alors « L'autre » caché attire l'œil, nous force à penser et s'interroger.

Ce qui se passe avec Allan dans *La nuit bengali*. Il dit que sa vie dans une maison bengali avec Maitreyi sera plus merveilleuse que la vie ordinaire d'un européen de « la boisson exclue, les séances de cinéma espacées » Pour lui :

> «… la présence de Maitreyi allait rendre
> plus mystérieuse et plus fascinante qu'une
> légende fantastique. Cette vie m'attirait et je
> me sentais devant elle désarme. »[26]

Donc, il se trouve désarmer par la curiosité de connaître l'autre. En fait, il compare la présence de Maitreyi avec un rêve avec « plein de mystère et d'incertitudes ». Il commence à imaginer sa vie maritale avec Maitreyi :

[26] Eliade Mircea, Op. cit., p. 46

> « Je me suis plu a m'imaginer marie avec
> Maitreyi. Impossible de mentir : j'étais
> heureux. Je rêve d'elle tout le temps qu'a
> dure la cérémonie. Fiancée, amante... »[27]

Dans cet extrait, nous observons que Maitreyi est un objet de désir inabordable pour Allan. Il est impossible que les deux se réunissent ainsi c'est l'attribut mystérieuse de Maitreyi qu'attire Allan. C'est pourquoi il est troublé :

> « ...j'étais troublé, inquiet, - mais c'était a
> cause du charme étrange, incompréhensible
> de ses yeux, de ses réponses, de son rire.» [28]

Par conséquent, il se plonge dans les rêveries de Maitreyi et même commence à construire son phantasme. Elle reste une figure obscure dans l'inconscient d'Allan. L'Occident la créer dans son imaginaire à cause de l'insatisfaction l'inaccessibilité et l'obscurité de l'autre.

Selon la notion lacanienne, la construction de l'autre est structurée dans l'inconscient à travers les fantaisies. L'objet de désir est inaccessible et inabordable donc construit à travers la fiction et la fantaisie. Dans un séminaire « L'objet relation » (1956-57), Lacan dit que la fantaisie vient des projections psychiques. C'est l'absence d'objet désiré qui donne naissance à la fantaisie. Le désir lacanien est aussi l'effet d'un manque. : « Le désir de l'homme, C'est le désir de l'Autre. »[29] Pour lui, la fantaisie est une structure plus complexe qu'une simple hallucination.

Parlant des relations entre l'Orient et l'Occident, les désirs et les fantaisies inconscients de l'autre deviennent des constituants importants pour parler d'un texte oriental comme

---

[27] *ibid.*, p. 93
[28] *ibid.*, p. 71
[29] Lacan Jacques, *Le Séminaire, Livre XX, Encore,* Paris, Seuil, 1975, p. 12

La nuit bengali. Eliade qui représente Maitreyi comme une figure érotique et la construit à travers sa fiction. Maitreyi est un objet inabordable pour Allan. C'est pourquoi, elle devient sa passion. Il dit « En fait cette passion, considérée au début comme impossible, mineure et de pure fantaisie, excitée encore par l'attitude de Maitreyi…»[30] Elle est inaccessible et un mystère pour Allan comme l'Orient toujours a été pour l'Occident. C'est pourquoi, il imagine et plonge dans les rêveries pour découvrir Maitreyi. L'objet désirable est inaccessible à lui. Le fait qu'elle est l'autre et « inconnue » donne naissance a son imaginaire et désirs sexuelles inconscients.

Quand Allan nous décrit le corps de Maitreyi et le pouvoir occidental se mêlent avec l'idée de la sexualité, du désir et de l'inconscient. Elle reste dans son inconscient et dans son imagination. Il dit :

> « Souvent, j'avais rêvé de notre première
> nuit d'amour, j'avais cru voir, altéré de désir
> […] jamais je n'aurais pu imaginer le corps
> dénudant de bonne grâce et de sa propre
> initiative, la nuit en face de moi. »[31]

Les relations entre l'Orient et l'Occident à un autre côté psychologiques dont nous observons des désirs inconscients de découvrir l'autre. L'autre devient une terre à conquérir. Pour Allan, Maitreyi représente cette « autre » cachée donc lui provoque à découvrir. C'est pourquoi il utilise des métaphores comme la « jungle cachette », la « flore tropicale » qui se réfère à l'exotisme oriental dans la citation suivante :

> « En écoutant ces confidences j'étais
> épouvante de la jungle qui se cachait dans
> l'âme et dans l'esprit de Maitreyi. Quelles

---

[30] Eliade Mircea, Op. cit. p. 112
[31] *ibid.,* p. 178

profondeurs sombres, quelle flore tropicale
de symboles […] quelle atmosphère chaude
de sensualité et d'attente. »[32]

En plus, Allan arrive à créer une image érotique de Maitreyi dans son fantaisie :

« Tout doucement, je l'ai prise entre mes
bras, craignant au début de l'approcher trop,
nue comme elle était […] elle aurait chante
après, elle aurait danse à travers la chambre,
de son pas léger et souple de petite
déesse. »[33]

Par le biais de cet extrait, nous pouvons observer qu'Allan décrit ses relations sexuelles
avec Maitreyi dans les fantaisies. Nous y remarquerons un mélange du sacré et de
profane parce qu'il l'appelle une « déesse » ainsi que crée des fantaisies sexuelles. La
description est érotique et exotique de Maitreyi fait allusion aux désirs inconscients des
orientalistes comme Allan. Donc, c'est l'objet caché et inaccessible qui reste dans
l'inconscient de l'Occident. Cet objet devient une obsession chez les européens et qui se
manifeste dans leurs fictions. C'est pourquoi, les Orientalistes commencent à imaginer
et à créer des fantaisies dans leurs fictions.

Toutefois nous avons essayé de comprendre les relations entre L'Orient et l'Occident en
parlant de l'histoire amoureuse de Maitreyi et d'Allan dans *La nuit bengali*. D'un côté,
C'est une relation fondée sur le jeu du pouvoir et du savoir dans laquelle Allan accepte
que son amour est juste « une illusion » ainsi qu'il fait des commentaires eurocentriques
sur Maitreyi comme « barbare » et « primitive ». En plus, il parle et représente Maitreyi
de son part donc c'est une relation hiérarchisée dont Allan est le dominateur et Maitreyi

---

[32] *ibid.,* p. 155
[33] *ibid.,* p. 181

est dominée. De l'autre côté, nous nous sommes appuyés sur la notion du désir et la fantaisie pour comprendre les relations entre Allan et Maitreyi. Nous avons constaté que l'Occident se trouve séduit par l'Orient parce qu'il est mystérieux et ambigüe. La curiosité des européens s'augmente dans le but de connaître la vérité ou la « véritable » l'Orient. L'Orient semble inaccessible et « étrange », c'est pourquoi les Européens comme Allan plongent dans les rêveries et des fantaisies. Allan a fait une série des fantaisies de Maitreyi dans son journal intime, *La nuit bengali*. Il est hanté par l'image de Maitreyi et se trouve « désarmé ». Nous pouvons dire que la relation d'Allan et de Maitreyi se développe à cause des désirs insatiables dans l'inconscient. Mais nous pouvons bien observer la métamorphose des désirs inconscients chez les Européens dans les 'représentations' hégémoniques et stéréotypées de l'Orient dans *La nuit bengali* qui est un amalgame des fantaisies et de la politique de la 'représentation' que nous discuterons dans le chapitre suivant.

Chapitre II

La femme emprisonnée

Lors du chapitre précédent nous avons vu comment l'Orient porte des connotations érotiques, sensuelles et voluptueuses pour l'homme occidental. Tous les plaisirs semblent exister dans cet « ailleurs » : spirituels et charnels. Pour Eliade aussi l'essence de la beauté de l'Orient s'incarne dans la femme orientale, Maitreyi. D'un côté, les relations entre l'Orient et l'Occident sont hiérarchisées. De l'autre côté, l'évocation de Maitreyi est pleine de fantasmes autour de son corps : la femme est alors objectivée. Eliade nous montre aussi un Orient imaginaire loin de la réalité dans *La nuit bengali* (1950) dont Maitreyi est un objet de la jouissance. La représentation du corps féminin ne coïncide pas forcément avec la véritable condition de la femme orientale ; idéalisée elle devient autant d'allégories sous forme de déesses ou de nymphes.

Au contraire, l'autobiographie de Devi, *It does not die* (1976) nous mène à un Orient plus proche de la réalité sociale. Elle nous parle de la structure sociale et la condition de la femme en Inde à cette époque-là. La femme est construite socialement et par conséquent elle perd sa propre identité dans la société. C'est pourquoi, Devi écrit sa propre version et cherche sa propre identité dans son ouvrage. Le texte est une exploration de la représentation de soi.

La structure sociale de l'Inde est principalement basée sur le système patriarcal ou l'homme domine et la femme est dominée. La femme indienne ne fait carrière qu'a l'intérieur de la maison. Sa vie est consacrée à son mari-dieu dont elle aime et respecte. Son identité se forge à travers celle de son mari. L'organisation sociale de l'Inde est telle que la femme se trouve enfermée dans la maison. Le roman, *It does not die (1976)* de Maitreyi Devi nous raconte la vie domestique d'une famille bengali. Nous pouvons observer qu'il existe des relations du pouvoir même au sein de la famille dans cette famille.

La mère de Maiteryi passe sa vie à satisfaire son mari, Narendra Sen et à jouer le rôle de la femme indienne traditionnelle. C'est Narendra Sen qui est le maître de la maison et exerce un certain pouvoir sur elle. Le roman de Devi nous parle ainsi de la condition des femmes dans un pays colonisé, l'Inde où la femme reste toujours une victime du patriarcat.

Si nous pouvons observer la réification de Maitreyi dans *La nuit bengali* (1950). En même temps, l'autobiographie de Maitreyi Devi, *It does not die* (1976) est une manifestation de l'oppression de la femme en Inde à travers les personnages comme Mme Sen, Shanti et Maitreyi. Dans la première partie de ce chapitre, nous allons parler de la condition de la femme indienne comme décrit dans le roman de Devi. Dans la deuxième partie, nous allons montrer les relations entre les deux théories postcoloniale et le féminisme en parlant de la notion de la 'double colonisation', comment la femme orientale, Maitreyi est doublement marginalisée et la politique d'Eliade derrière la 'représentation' de Maitreyi comme érotique mais encore opprimée dans *La nuit bengali* (1950).

1. La structure patriarcale dans *It does not die*

Avant d'entrer dans la référence du sujet, nous revenons sur la thèse de Beauvoir concernant cette question. Depuis toujours, les femmes ont été subordonnées aux hommes. Simone de Beauvoir utilise l'analogie des relations du maître et de l'esclave pour décrire les relations entre l'homme et la femme. Elle attaque la société patriarcale dans laquelle l'homme considère la femme comme l'autre de soi.

En plus, elle montre que les femmes ont été stéréotypées par les hommes. La féminité est construite socialement. La destinée de la femme comme on l'a vu, c'est le mariage. La femme perd sa liberté après le mariage. Nous remarquons la victimisation de la femme dans la société patriarcale indienne. Cette idée se manifeste également dans le roman de Maitreyi Devi, ce que nous allons explorer dans cette partie de notre travail.

It does not die (1976) de Maitreyi Devi nous décrit le système patriarcal en Inde. Elle parle de sa famille traditionnelle dans laquelle son père Narendra Sen est le dominateur et sa mère Mme. Sen est une femme soumise et conventionnelle. Nous l'avons vu ainsique décrite dans le texte:

> « She never cared for her own pleasure or
> comfort. Her only wish was to keep father
> happy and father kept her fully busy in that
> work. »[34]

Maitreyi nous décrit la personnalité de Mme Sen à travers un poème, « Mahua » :

> « You are going to a pilgrimage to a distant
> temple, I am a tree; I spread my shadow to
> kiss the ground you tread. »[35]

Maitreyi nous explique que sa mère est comme "a spreading tree" et elle « spread a cool shadow over my father's path, to take away his fatigue. »[36] Elle se sacrifie pour son mari et ne lui demande rien. Narendra Sen est une figure du patriarcat. Il règne dans sa maison et les autres membres de la famille doivent lui obéir. Comme exprime Maitreyi que son père est fier d'elle ainsi qu'elle devient un objet triomphée ou une possession pour lui : « My father is full of me and we have to be happy at his command. »[37]

Toutefois, il y a une hiérarchie dans la famille indienne et les relations entre Narendra Sen et sa femme sont celles du pouvoir. Les hommes ont toujours détenu tous les pouvoirs concrets. La femme est dans l'état de dépendance. Le couple indien n'est pas

---

[34] Devi Maitreyi, *It does not die, éd.* A Writer's Workshop Publication, 1976, p .27
[35] *ibid.,* p. 62
[36] *ibid.,* p. 62
[37] *ibid.,* p. 26

un couple équilibré. Simone de Beauvoir critique le mariage en tant qu'une institution. En plus, elle compare l'activité de la ménagère au supplice de Sisyphe : une tâche indéfiniment recommencée et qui prend la figure d'une lutte contre le Mal. La femme se trouve emprisonnée dans le système du mariage.

En ce qui concerne, *It does not die* de Maitreyi Devi, nous pouvons y trouver quatre femmes qui souffrent à cause de l'institution du mariage. Ce roman est cependant un critique de l'institution du mariage en Inde. Madame Sen, la mère de Maitreyi, Shanti, la domestique de Madame Sen, Aradhana et Maitreyi elle-même trouvent enfermées dans un système traditionnel et conventionnel que la société appelle le mariage. Madame Sen est une femme soumise qui n'ose jamais contredire son mari. Narendra Sen domine sa femme parce qu'il est « le maître » de la maison. Son statut est celle d'un dieu. Madame Sen est obligée de s'occuper de lui quand il est malade. Devi nous illustre la condition de sa mère :

> « Mother can sit up night after night
> attending on him without showing fatigue:
> of course father accepts this untiring service
> as his due. This is the attitude of all Indian
> men [...] When he is asleep, the whole
> house must be stifled into stillness; but he
> can shout when others are resting. »[38]

Devi ainsi critique le système de mariage dans lequel l'homme considère sa femme son propre esclave. Elle reste aveugle aux défauts de son mari parce qu'il est le père de la famille et pur comme le dieu :

---

[38] *ibid.*, p. 114

« Father is heaven, father represents virtue,

and father is our greatest penance. The gods

are pleased if father is pleased. »[39]

Madame Sen reste silencieuse. Bien que Narendra Sen ait des relations avec une autre femme, Rama hors du mariage. Elle souffre toute sa vie et Narendra Sen continue à l'humilier. Ce que nous aussi signifie que l'homme désire une possession complète de la femme : « The husband's belief that he has complete possession of and power over his wife (…) »[40]

Toutefois, comme nous avons déjà dit que l'idée du pouvoir ne s'opère pas seulement dans le cas du colonisé et du colonisateur mais il existe aussi dans la famille cette notion de pouvoir pour parler des relations entre un homme et une femme dans le système du mariage. Et, le fait que Narendra Sen opprime sa femme et elle devient l'autre sans voix dans sa propre maison qui n'a pas la voix prouve ce que nous avons déjà discuté dans la première chapitre en citant Foucault que toute les relations se comprennent celles du pouvoir.

L'histoire de Shanti, la domestique ne se diffère point de celle de Madame Sen. Elle est aussi une victime de l'idéologie du mariage hindou. Le moment où son mari, Ramine la quitte pour une autre femme qui est plus belle qu'elle, elle devient une esclave dans sa propre maison et essaie de se suicider. Mais elle n'a même pas le droit à sa propre vie. Sa mère lui conseille : « *However a woman may suffer, her husband's home is the only place for her.* »[41]

---

[39] *ibid.*, p. 115

[40] VANTA, Ruth, « Man's power and woman's resistance », Lola Chatterji (éd.), éd. Woman/Image/Text, New Delhi, Trianka, 1986, p.24

[41] Devi, op. cit. p.87

Elle aussi donc reste n'est qu'une veuve éplorée toute sa vie. Bien que Madame Sen soit supérieure à Shanti dans la société, cependant elle aussi a le même destin de celle de la domestique dans une société patriarcale.

Or, Aradhana représente une femme rebelle. Elle a été forcée de se marier avec Jatin par ses parents. Mais elle exprime son amour pour un professeur, Soumen, après le mariage. Les deux s'enfuient qui est considéré un péché dans la société indienne. Elle conteste les traditions indiennes que lui demandent d'obéir à son mari.

En plus, Maitreyi aide Aradhana pour rencontrer Soumen. Elle aussi elle met en question tout le temps les rituels « barbare » en Inde. Elle trouve que les coutumes indiennes sont irrationnelles. C'est pourquoi elle décide de protester contre le Durga puja avec un fort argument :

> « If that animal goes straight to heaven because of the sacrifices, why don't you get your old father and sacrifice him, since that is probably the only way for him to reach heaven? »[42]

Elle regarde la souffrance de sa mère et Shanti. Pour elle, la maison devient un espace d'enfermement. Elle se trouve claustrophobique et emprisonnée dans une société dans laquelle l'homme en fait au nom de la religion hindoue, opprime la femme :

> « The sufferings of two human beings, though are not as important. Social injunctions, customs and rituals are supreme. »[43]

---

[42] *ibid.,*p.101
[43] *ibid.,* p. 149

Souvent, Maitreyi se demande:

> « I constantly ask myself, How can I be free? Mother was never probably free, she had to steal money or persuade father for her constant need of helping poor relatives. » [44]

En plus, elle est opprimée par le sentiment de la solitude à la maison. Elle essaie de se retrouver dans ce vide interminable après le mariage dans ses propres mots :

> « In the solitude of cool night I stand alone, and raising my face upward, I search for my star. I was not seeking anyone but myself- that part of me which could not express itself used to wring my heart with an unnamed anguish, whereas the other part of me was engaged in its circle of daily life. »[45]

Alors, nous pouvons remarquer dans cet extrait le désir de s'exprimer et de se libérer de l'enfermement de la maison chez Maitreyi. Nous voyons donc la véritable condition de la femme orientale dans *It does not die* de Devi.

1.Maitreyi, femme marginalisée par excellence

---

[44] *ibid.,* p.169
[45] *ibid.,* p. 198

Dans une société indienne où la femme est déjà une créature exclue, les représentations « exotiques » s'accroissent à la marginalisation de la femme comme Maitreyi. Elle est en fait doublement marginalisée. La position de la femme s'oscille entre l'empire et le patriarcat. Il existe donc des liens forts entre l'Orientalisme et le féminisme. Si l'Orient est considéré comme l'autre de l'Occident, la femme n'est que l'autre de l'homme. Les deux discours mettent en lumière le thème de la marginalité et l'oppression de celles qui se trouvent au bas dans l'hégémonie sociale. L'œuvre de Saïd est « un texte source » pour parler de la marginalité comme Spivak souligne dans son essai, *Can the subaltern speak ?* :

> « …the study of colonial discourse, directly released by work such as Saïd's has blossomed into a garden where the marginal can speak and be spoken, even spoken for. »[46]

Elle arrive à la conclusion qu'elle ne peut pas parler. Ce qui ne veut pas dire qu'elle ne peut pas articuler sa propres pensées mais en fait personne ni l'écoute et ni la comprend. Elle a perdu sa propre identité. C'est pourquoi, Spivak constate :

> « Between patriarchy and imperialism, subject constitution and object formation the figure of woman disappears. There is no space from which the sexed subaltern can speak. »[47]

---

[46] Spivak Gayatri, *Can The Subaltern Speak?*, Édition de C. Nelson and Grossberg, Chicago, 1988a, p.56
[47] *ibid.*, p. 306-307

Les deux le « natif » et la « femme » sont représentants de la minorité dans une société et sont définis par le « regard du mâle », Le sujet ou l'homme donc pose le regard sur l'objet, dit femme. C'est un attribut commun du patriarcat et le colonialisme.

La représentation érotique de la femme orientale n'est qu'une continuation de la domination de l'homme dont la femme est déjà violée. Ce que nous appelons le concept de la 'double colonisation' (1980) qui s'émerge dans les années mille neuf cent dans le discours féministe. Cette notion de la double colonisation dans les études féministes se base sur l'oppression patriarcale et la manipulation orientaliste de la femme orientale. Les Orientalistes représentent la femme orientale comme exotique, mystérieux et oppressé alors construit une image stéréotypé en écrivant des histoires passionnées. Maitreyi Devi donc devient est une femme marginalisée par excellence. Elle se cherche à travers son ouvrage, *It does not die*.

En ce qui concerne *La nuit bengali*, le portrait de Maitreyi est exotique ainsi que opprimée dans la société indienne. Selon Partha Chatterjee, les colonialistes construisent l'image de la femme orientale comme exotique et opprimée pour justifier leur « mission civilisatrice ». Eliade aussi nous montre que les traditions rigides des Hindous empêchent Maitreyi et Allan à s'unir. Bien que l'amour pour Allan soit une possession, il en fait dévoile le corps de Maitreyi dés le début du texte. En même temps, il essaie de créer une favorable impression d'Allan qui quitte Maitreyi à cause de son père, Narendra Sen. Il nous décrit la lettre de Narendra Sen :

> « Vous êtes un étranger, me disait-il, je ne
> vous connais pas. Mais si vous êtes capable
> de considérer quelque chose comme sacré
> dans votre vie, je vous prie de ne plus entrer
> dans ma maison ni d'essayer de voir aucun

membre de ma famille ni même d'écrire à
personne. »[48]

Par conséquent, nous avons l'impression que le roman est la tragédie d'un européen qui
souffre après la séparation et n'arrive pas à libérer Maitreyi, une femme opprimée dans
la société indienne. Eliade raconte la condition de Maitreyi sous le règne de son père,
rigide dans les mots que voici :

> « Sen ne veut à aucun prix la mettre à la
> porte. Il dit qu'il aimerait mieux la tuer de sa
> main plutôt que de laisser fuir…. Maitreyi
> leur crie sans arrêt : « Pourquoi ne me
> donnez-vous aux chiens ? Pourquoi ne me
> jettez-vous pas à la rue ? »[49]

Gayatri Spivak parle de la même idée, dans un ton ironique, dans son ouvrage, *Can the
subaltern speak ?* « White men are saving the brown women from brown men. »[50] Elle
parle de la pratique de 'sati' en Inde. Elle observe que les Anglais présentent la femme
indienne comme une victime de la pratique inhumaine religieuse dans les textes
européens. Emma Roberts parle d'une veuve sati dans le poème 'The Rajah's Obsequi

es', Elle est « A helpless slave to lordly man's control […] compelled by brutal
force »[51] pour pratiquer le rite de sati. Stephen Morton continue à analyser cet aspect par
rapport a l'idée de la « mission civilisatrice » en disant :

> « By representing sati as a barbaric practice,
> the British were thus able to justify

---

[48] Eliade Mircea, op. cit., p. 219
[49] *ibid. p.* 278
[50] Spivak Gayatri, *op. cit.,* p. 92
[51] Mani Lata, *Contenious Traditions: the debate on sati in colonial India*, University of
Calafornia Press, London, 1998, p. 162

> imperialism as a civilizing mission [...] in
> which they are rescuing Indian women from
> the reprehensible practices of a traditional
> hindu patriarchal society. » [52]

Ainsi, la représentation de sati n'est qu'une façon de justifier leur propre mission en Inde. La même idée se manifeste dans *La nuit bengali* d'Eliade. Eliade nous présente une société patriarcale dans laquelle Maitreyi est cloîtrée mais sa 'mission' est de se justifier. Maitreyi n'a pas le droit de s'exprimer. Il parle et nous représente la condition de Maitreyi.

En parlant du discours de 'sati' dans les œuvres européennes, Spivak constate que la femme orientale perd sa propre voix parce que « One never encounters the testimony of women's voice conciousness. »[53] Il faut observer que la 'voix' de 'sati' apparaitrais véritable mais ce n'est qu'une 'représentation' construite et formulée par des perspectives européennes. Stephen Morton met en lumière les effets dangereux des représentations de sati :

> « The benevolent impulse to represent
> subaltern groups effectively appropriates the
> voice of the subaltern and thereby silences
> them. » [54]

Le colonisé « bienveillant » arrive à réduire au silence la voix d'une femme subalterne en interdisant le 'sati' et en la représentant. Alors, dans le discours colonial, les blancs ne sauvent pas « brown women from brown men. » mais il empêche la femme de leur droit de parler. Le cas de Maitreyi n'est pas différent de celle des autres femmes

---

[52] Morton Stephen, *Gayatri Chakravorty Spivak*, Routledge, London, 2003, p. 63
[53] Spivak Gayatri, Op. cit., p. 93
[54] Morton Stephen, Op. cit. p.56

subalternes. Elle n'articule pas sa propre expérience dans l'œuvre d'Eliade. La 'représentation' de Maitreyi pourrait sembler véritable mais il ne faut pas ignorer que c'est Eliade qui prend la parole et Maitreyi est niée de cette parole.

Alors, la femme comme Maitreyi est marginalisée par excellence. Les représentations coloniales s'entremêlent avec la domination patriarcale. Elle cherche donc sa propre identité à travers son autobiographie, *It does not die*. Si pour Eliade, les relations entre Allan et Maitreyi se termine avec une obsession, pour Maitreyi l'amour est éternel et immortel. Son concept de l'amour est plus complexe que ce lui d'Eliade.

Selon, Partha Chatterjee, contre les colonialistes, l'image stéréotypée de la femme orientale et la « mission civilisatrice », le rôle de la femme s'émerge dans un monde spirituel qu'on appelle la maison ou la sphère intérieure pour établir leur propre identité. Ce que Maitreyi arrive à faire dans son texte. Le roman est intitulé *Na hanyate* et les mots *Na hanyate* se réfèrent à l'immortalité de l'âme qui ne meurt pas même si le corps meurt. Elle parle de son amour hors du temps : « And I have entered eternity. I have no future or past. I stand with one foot in 1972 and another in 1930. »[55] Pour elle, l'amour à une autre définition :

> « None has succeeded in destroying it,
> neither my father nor Mircea; neither time,
> my own pride, nor the rich experience of my
> life. [...] Love is deathless. My soul held by
> him in that Bhowanipur house, still remains
> fixed. »[56]

---

[55] Devi, Op. cit. p.14
[56] *ibid.*, p. 230

Dans son autobiographie, elle arrive à donner sa propre opinion, décrit sa propre condition pendant cette période. Elle ne refuse pas que la société indienne est rigide mais dans cette œuvre elle se retrouve.

Toutefois, sa version de l'histoire est multidimensionnelle dont elle essaie de s'exprimer contre Eliade et la société patriarcale. Cependant, en écrivant son autobiographie, Maitreyi arrive à établir son autorité et sa propre identité. Nous pouvons voir le parallèle entre l'Orientalisme et le patriarcat et Maitreyi essaie de se libérer de ces deux forces dominantes avec un esprit nationaliste ce que nous allons élaborer dans la partie suivante.

Chapitre III

La Renaissance bengalie : l'émancipation de la femme

Si *La nuit bengali* d'Eliade est la manifestation d'une obsession, d'une volonté de posséder la femme orientale et un résultat des désirs inconscients des Européens, *It does not die* de Devi est considéré comme une autodéfense contre l'œuvre d'Eliade. Elle se justifie devant la société ainsi racontant toute l'histoire de sa vie en démontrant que celle de Mircea Eliade est inauthentique, fabriquée. En plus, c'est une manifestation d'esprit nationaliste ainsi que celle des courants sociopolitiques du 19ᵉ siècle. Il est donc très important de revenir sur la situation politique de la période de leur liaison. Certes, elle met en question les assertions orientalistes d'Eliade mais aussi exprime-t-elle ses inquiétudes personnelles et sa solitude sans nier son amour pour lui.

Or, ce qui est plus important à voir, c'est le cadre historique dans lequel Maitreyi Devi acquiert un certain pouvoir d'écrire. Ce roman fait partie de la littérature « postcoloniale » ayant une écriture révolutionnaire. Nous y voyons comment « The Empire Writes Back » (1989) ? Cet ouvrage de Griffiths et Tiffin consacre à cette lutte de pouvoir entre l'Occident et l'Orient. Au début du texte l'auteur la constate en ces termes :

> « We use the term post-colonial, however to cover all the culture affected by the imperial process from the moment of colonization to the present day. This is because there is a continuity of preoccupations throughout the historical process initiated by European aggression. »[57]

---

[57] Ashcroft, Griffiths and Tiffin, *The Empire Writes Back: Theory and practice in Post-colonial literatures*, Routledge , London, 1989, p. 2

Alors, nous observons un paradoxe inhérent dans les textes post-coloniaux qui suivent les mêmes idéologies européennes pour renverser les structures orientalistes. Pour mieux saisir cet aspect, comment Maitreyi Devi arrive à écrire une contre-version et établir sa propre identité, nous avons divisé ce chapitre en deux parties. Dans la première partie nous allons parler de la situation paradoxale du Bengale à cette époque-là comme décrite dans le roman de Devi. Dans la deuxième partie, nous allons montrer comment la femme indienne part de la 'maison' dans le 'monde' en écrivant l'autobiographie pour renverser le discours Orientaliste. Cette étape marque la fin de la double colonisation. Nous voyons une révolution de la part de la « subalterne »[58] à travers l'écriture.

1. La renaissance dans/par l'écriture

Il faut insister sur le fait qu'au 19ᵉ siècle, la vie bengalie a été affectée par tous les changements qu'apportait la domination britanniques. Jusque-là, le Bengale avait suivi une ligne traditionaliste, ayant une culture hindoue et, en particulier, une littérature abondante et belle, transmise oralement ou au contraire élaborée en bengali classique. Mais quand les Anglais commencent leur règne, une vague de modernisation déferle sur la société. Le journalisme apparaît, la littérature en prose commence à généraliser, l'occidentalisation se propage.

La langue anglaise donc devient ainsi le médium de connaissance surtout européenne. Par conséquent, les intellectuels bengalie commencent à renverser les idéologies britanniques. Les changements sociopolitiques mènent à la renaissance du Bengale au 19ᵉ siècle. Rajaram Mohan Roy (1774-1833), Henry Louis Vivian Derozio (1809-1831), Debendranath Gupta (1817-1905), Bankim Chandra Chattopadhyay (1838-1894) etc. étaient des réformateurs les plus connus en Bengale.

---

[58] Allusion à l'ouvrage de Gayatri Spivak, *Can The Subaltern Speak?*, Édition C. Nelson and Grossberg, Chicago, 1988a

Cependant, le *Mouvement Swadeshi* politique s'est formée vers la fin du 19e siècle pour lutter contre les lois imposées par les Britanniques dans le domaine de l'économie et surtout, de l'éducation. Le Bengale, Calcutta étant alors la capitale de l'Inde réagit très vigoureusement aux programmes conçus par Lord Curzon en particulier contre l'enseignement où il voulait introduire des notions commerciales et une unification linguistique.[59] Le *Mouvement Swadeshi* continue à regrouper l'opposition indienne, laquelle résiste aux règles impératives des Anglais. Mais celle-ci cède peu à peu du terrain, admettant une certaine clairvoyance d'adopter une structure plus moderne, plus efficace en ce qui concerne les aspects pédagogiques/éducatifs. Nous observons alors un conflit entre l'idéologie européenne et la tradition indienne.

En même temps, l'Inde aux aspects modernes donne naissance à une femme plus forte. Par conséquent, nous voyons l'émancipation de la femme indienne, la femme qui évolue, qui se forme, et qui désire d'établir sa propre identité dans la société. En fait, la renaissance du Bengale mène à la renaissance de l'écriture au 20e siècle.

L'œuvre de Maitreyi Devi nous présente tous ces paradoxes au niveau sociopolitique en Bengale. Elle commence à écrire son autobiographie à partir du 1er septembre, 1972. Mais, elle avait rencontré Mircea en 1930 c'est-à-dire en pleine période nationaliste. Devi nous dépeint de cette époque dans les mots que voici:

> « In 1930, the battle for freedom was at its height, both violent and non violent. Some troubles were constantly brewing at the Presidency College. Once the students determined to do some bloodletting. »[60]

---

[59] Line Sylvie, *Tagore Pèlerin de la lumière*, Le Rocher, 1987, p.306
[60] Devi Maitreyi, *It does not die,* Limited hardbound Edition, A Writer's Workshop Publication, 1976, p.55

Nous observons l'esprit nationaliste au 20ᵉ siècle. Elle parle de la mentalité des gens qui refusent les produits européens, de la Marche du sel et de la révolution nationaliste. En plus, il est fort intéressant de remarquer l'émancipation de la femme pendant le nationalisme et les éléments contradictoires de ce mouvement à travers l'autobiographie de Devi.

Ce roman nous parle de la classe de l'élite au Bengale. C'est une famille qui oscille entre la tradition et la modernité. Narendra Sen est un intellectuel du Bengale et le personnage de Maitreyi fait allusion aux femmes éduquées qui aiment lire et écrire la poésie et la philosophie. Elle nous décrit la pensée libre de son père et ses interactions intellectuelles avec Rabindranath Tagore et des autres intellectuels. Nous pouvons remarquer l'influence de la modernité quand elle nous parle de la visite de Empire Theatre :

> « One day we went to an Italian opera with this couple, at the Empire Theatre. My parents and I, our ears were not trained to appreciate western music. Western music was only for those who had the previlege of getting western education for two or three generations, those who were described as ingabangas, the Anglo-Bengalis. »[61]

Cet extrait illustre une ouverture de l'esprit moderne dans la génération Anglo-Bengali. D'un côté, les Indiens rejettent la domination européenne pour établir leur propre identité. De l'autre côté, la pensée nationaliste accepte l'éducation et le mode européen dit, « moderne ». Partha Chatterjee discute ce paradoxe dans son ouvrage *Nationalist Thought and the Colonial World* :

---

[61] *ibid.*, p. 33

« The attempt is deeply contradictory: It is both imitative and hostile to the model it imitates. »[62]

Cette tendance donne naissance à l'anglicisation en Inde. Les structures éducatives des Anglais aident à la transformation sociale de la classe 'bourgeoise' en Bengale. Chatterjee explique encore dans les mots que voici :

« It does not attempt to break up or transform in any way the institutional structures of 'rational' authority set up in the period of colonial rule, whether in the domain of administration and law or in the realm of economic institution or in the structure of education, scientific research and cultural organization. »[63]

Maitreyi Devi a aussi reçu la même éducation européenne sous la surveillance de son père intellectuel, Narendra Sen. Elle est aussi un produit de cette époque-là. Bienque la société soit « half westernized and half orthodox », elle gagne une certaine autorité d'écrire grâce a l'influence de l'éducation européenne. Elle utilise donc les même outils européens contre Eliade et le même processus d'écrire une histoire.

Son choix d'écrire une contre version nous rappelle de personnage de Caliban dans *La Tempête* (1864) de Shakespeare. Dans cette pièce, Caliban est le fils monstrueux de la sorcière Sycorax. Il représente un être incivilité. Prospero, un ancien duc de Milan lui

---

[62] Chatterjee Partha, *Nationalist Thought and the colonial World: A Derivative Discourse,* United Nations University, Tokyo, 1986, p. 2
[63] *ibid.,* p. 49

enseigne des coutumes et le langage pourqu'il puisse devenir son esclave. C'est pourquoi, Caliban lui conteste dans les dialogues que voici :

> « Prospero : Esclave abhorré, qui ne peux recevoir aucune empreinte de bonté, en même temps que tu es capable de tout mal, j'eus pitié de toi : je me donnai de la peine pour te faire parler ; à toute heure je t'enseignais tantôt une chose, tantôt une autre. Sauvage, lorsque tu ne savais pas te rend compte de ta propre pensée et ne t'exprimais que par des cris confus, comme la plus vile brute, je fournis à tes idées des mots qui les firent connaître. Mais, bien que capable d'apprendre, tu avais dans ta vile espèce des instincts qui éloignaient de toi toutes les bonnes natures. Tu fus donc avec justice confiné dans ce rocher, toi qui méritais pis qu'une prison.
>
> Caliban : Vous m'avez appris un langage, et le profit que j'en retire c'est de savoir maudire. Que l'érésipèle vous ronge, pour m'avoir appris votre langage! »[64]

---

[64] Shakespeare William, *La tempête*, traduction de M. Guizot- Didié et Cie, 1864, p. 29-30

Cet extrait est un chef d'œuvre pour mieux saisir le phénomène « The empire writes back ». Caliban réclame son identité et se révolte contre son maître dans son propre langage.

En lisant son autobiographie, nous arrivons à connaître qu'elle aussi reçoit l'éducation occidentale et a un intérêt dans la philosophie, la littérature et des poètes européens depuis son enfance. Elle nous parle d'un événement:

> « I had never read a paper before such a large gathering. I had of course for a long time been reciting poetry which I had done at the Senate Hall too. That day, I was the young literary figure and the eldest was an octogenarian lady, Mankumari Basu. »[65]

H. Kabir a aussi remarqué la condition de l'Inde dans son introduction aux conférences de Tagore traduites et réunies sous le titre de Vers l'Homme universel :

> « L'enthousiasme pour les valeurs occidentales aboutit à l'étude plus approfondie de la littérature, de la philosophie et de la religion de l'Occident. Une grande connaissance conduisit à une compréhension plus profonde qui prit note à la fois des forces et des faiblesses. »[66]

Néanmoins, la connaissance européenne donne le pouvoir à l'Orient et surtout à la femme orientale d'exprimer sa propre expérience. Maitreyi Devi devient une représentation de cette femme émancipée pendant le nationalisme. *It does not die* est un

---

[65] Devi Maitreyi, Op.cit., p. 58
[66] Line Sylvie, Op. cit., p. 27

défi contre l'ordre patriarcat et colonial dans lequel les facteurs sociopolitiques jouent un rôle important dans la vie personnelle de Devi. Sa réponse est un refus de rester une victime du discours Orientaliste et du patriarcat. Toutefois, nous voyons une occidentalisation, le rêve de Jawahar lal Nehru qui désire voir une Inde en suivant l'Occident qui exprime-t-il en ces termes :

> « The person who can take the greatest credit for this development was Jawahar lal Nehru, India's prime minister. Nehru, with his westernized education and belief in socialism, was impatient to get rid of the "dead wood" of tradition. The image that beckoned him was that of the "new man" or the "modern man"… and modernized in the western sense of the term. »[67]

Cette citation montre que le premier ministre de l'Inde désirait l'occidentalisation. C'est pourquoi, les femmes indiennes reçoivent une éducation occidentalisée et par conséquent, elles arrivent à enregistrer sa propre vie en écrivain des autobiographies. *It does not die* de Devi est un résultat de cette pensée moderne en Inde.

---

[67] Verma k. Pawan, *Being Indian*, Penguin Edition, New Delhi, 2004, p. 51

2. Maitreyi, femme en métamorphose : entre la maison et le monde

La femme traditionnelle est obligée de s'occuper de sa maison et doit obéir à son mari. Mais la transformation de l'Inde sous l'empire anglais donne le pouvoir aux femmes indiennes. Pendant le 19ᵉ siècle, nous observons plusieurs réformes pour l'émancipation de la femme par les personnages comme Rammohan Roy et Ishwar Chandra Vidya Sagar qui osent dire contre le rite de 'sati' et prêchent le remariage des veuves au Bengale. Le milieu privé / la maison et le milieu public / le monde porte une valeur très essentielle à cette époque-là. La métamorphose de l'Inde était très rapide. La femme se trouve entre la tradition et la modernité. Autrement dit, elle oscille entre la maison et le monde. Il faut résister au pouvoir colonial ainsi que le renverser en appuyant sur les méthodes éducatives et la pensée européenne. La femme qui représente la tradition indienne devient une figure importante parce qu'elle doit choisir les éléments modernes en gardant ses propres traditions. Tagore déclare dans l'inauguration officielle de l'université internationale, Vishwa Bharti :

> « En politique et en éducation, les femmes ont un rôle important à jouer et sans leur aide et leur collaboration, nous manquerons de pouvoir et de la conviction indispensable. »[68]

Les femmes bengalie commencent à écrire les histoires de leurs propres vies qui nous présente le dilemme entre la vie domestique et la vie public. La maison elle-même

---

[68] Line Sylvie, Op. cit., p. 210

devient un endroit de la révolution, de la politique domestique, ce que Partha Chatterjee constate également dans les mots que voici :

> « The home I suggest was not a complete but rather the original site on which the hegemonic project of nationalism was launched. »[69]

Nous observons la même idée dans la parole du père de Maitreyi. Selon lui, la véritable révolution se passe dans leur propre maison ainsi décrit dans les mots suivants :

> « Later father told Mircea, Look Euclid, he spoke earnestly, the moment your people see you, they will know you were in India. India will speak through you. The most important thing is the change that will come over you. You can get tanned anywhere in the tropics but your real transformation will come through your studies. And revolution? You need not to run from pillar to post to catch up with revolution! Tear-gas,picketing and lathi charges are not as important as the fact that you are living in our family, as one of us; this itself is a revolution. Compared to that a revolution is going on right here in this house itself, even now. »[70]

---

[69] Chatterjee Partha, *Nation and its fragments*, Priceton University Press, New Jersey, 1993, p.147
[70] Devi Maitreyi, Op. cit, . p. 57

La liberté et l'éducation de Maitreyi symbolisent qu'elle se prépare pour découvrir sa propre identité dans le monde. Elle part de la maison dans le monde à travers son autobiographie. L'œuvre ne semble pas être une simple vengeance contre le texte d'Eliade mais se révèle être une manifestation de la femme moderne.

En plus, son personnage nous rappelle celui du roman populaire de Tagore *Ghaire Bhaire* (1916) ou *La Maison et le Monde*. Nous pouvons trouver un parallèle entre Maitreyi et Bimla où nous raconte la vie de trois personnages Nikhil, le mari ; Bimla, sa femme et Sandip, un ami de Nikhil, accueilli par lui dans sa maison. Bimla dans ce roman représente la femme confondue entre la tradition et la modernité. Sous l'influence de Sandip, un nationaliste et un politicien, elle décide de participer dans la révolution nationaliste. Ce roman s'élève bien au delà du drame sentimental et s'attaque aux problèmes anglo-indiens, à la politique, aux excès du fanatisme à travers les personnages comme Sandip qui croit à la violence et pense :

> « La réussite dans l'injustice et la cruauté,
> assure-t-il, voila la seule force qui a donne
> fortune et pouvoir aux individus et aux
> nations. Des qu'un peuple ou un individu
> devient incapable d'injustice, il est balayé au
> loin parmi les ordures du monde. »[71]

Nikhil aussi aime sa patrie, mais d'une façon moins violente, moins tyrannique. Il donne la liberté à sa femme pour qu'il puisse partir de la maison. Mais elle se trouve tiré entre l'euphorie nationaliste de Sandip et l'idéal non-violent du nationalisme de Nikhil. Le roman se reflète l'obscurité et les conflits dans la maison pendant le nationalisme et la « Shakti » de la femme. Elle transgresse pour se découvrir.

---

[71] Line Sylvie, Op. cit., p. 88-89

Parallèlement, l'autobiographie de Maitreyi nous raconte l'histoire de leur amour entre la vie domestique et le milieu public pendant le nationalisme. Eliade devient un prétexte pour écrire l'histoire sociopolitique. En plus, elle choisit les mêmes outils pour renverser les structures orientalistes en gardant les traditions indiennes. C'est-à-dire, son autobiographie nous présente un amour eternel et spirituel qui se diffère de la version matérielle et sensuel d'Eliade. Partha Chatterjee distingue entre l'aspect spirituel et l'aspect matériel dans son ouvrage, *Nationalist Thought and The Colonial World* :

> « Nationalist thought at its moments of departure formulates the following characteristic answer: it asserts that the superiority of the West lies in the materiality of its culture exemplified by its science, technology and love of progress. But the East is superior in the spiritual aspect of culture. »[72]

Elle élabore ainsi cette dichotomie en disant que le colonisé renverse les idéologies orientalistes pendant le nationalisme en mettant l'accent sur cet aspect spirituel des Indiens. Le texte de Devi est aussi une manifestation de cette aspect spirituel parce qu'elle appelle son amour pour Euclid reste immortel et éternelle. Elle parle de cette idée dans ses propres mots que voici :

> « This is the truth, truly the truth. The body perishes, the soul is immortal. It cannot be killed by killing the body [...] Love is deathless. My soul, held by him in that Bhowanipur house, still remains so fixed.

---

[72] Chatterjee Partha, Op. cit., p. 51

The infinite is flowing through the finite- the
limitless is held in the limits of my
body... »[73]

Par le biais de cet extrait, nous remarquons la différence primordiale entre l'ouvrage d'Eliade et de Maitreyi Devi. Dans ce roman, l'amour porte une connotation spirituelle. Elle rêve d'une relation amicale entre l'Orient et l'Occident. Ce que nous remarquons à la fin du roman quand elle rencontre Euclid à Chicago. Elle parle de cette idée d'une manière intéressante en ces termes :

« The great bird, built with the illusion of
hope, whispered to me, as we moved
towards an unknown continent, crossing
Lake Michingan, "Do not be disheartened,
Amrita, you will put light in his eyes."

"When?" I asked eagerly.

When you meet him in the Milky Way - and
that day is not very far now." It replied. »[74]

Elle ainsi espère une collaboration de l'Occident et l'Orient hors de ce monde à la fin du roman. Toutefois, nous pouvons constater que Maitreyi Devi arrive à établir un équilibre entre les traditions indiennes et les idéologies européennes dans ce roman. Ce mariage de l'éducation européenne et la tradition indienne donne naissance à une révolution révélatrice et aide Devi d'écrire une autobiographie contre Eliade. Elle écrit une histoire anticoloniale en utilisant les mêmes outils Orientalistes et gardant ses propres traditions avec un esprit nationaliste.

---

[73] Devi Maitreyi, Op. cit., p. 230
[74] *ibid.*, p. 269

Conclusion

En analysant les deux ouvrages littéraires, *La nuit bengali* (1950) de Mircea Eliade et *It does not die* (1976) de Maitreyi Devi dans cette étude, nous avons exploré les relations entre l'Orient et l'Occident aux niveaux différents. Ainsi cette étude nous permet de participer dans les débats post-coloniaux sur la politique de la 'représentation' dans *La nuit bengali,* le phénomène de la 'double colonisation' qui nous mène à comprendre l'ordre social et la position de la femme orientale en parlant dans le discours Orientaux. Nous voyons la métamorphose de la femme objet en 'sujet parlant' dans cette étude.

Si *La nuit bengali* est une manifestation de la puissance européenne, l'ouvrage de Maitreyi Devi dépasse l'idée d'être une simple vengeance contre Eliade. *It does not die* est une auto critique de la société ainsi qu'un amalgame des aspects historiques, impérialistes et orientalistes, C'est-à-dire, des éléments essentiels de la littérature postcoloniale. Ce roman est également un témoignage sur l'art qui reste immortel et eternel comme l'amour d'Amrita pour Euclid. La mise en exergue de ce roman tirée du *Bhagwat Gita* fait allusion à la même idée :

> « Na jayate mriyate va kadachi-
>
> Nnayam bhutva bhavita va na bhuyah
>
> Ajo nityah shashvatoyam purano
>
> Na hanyate hanyamane sharire » [75]

Le premier chapitre souligne les relations entre Allan, représentant de l'Occident et Maitreyi, représentante de l'Orient à travers *La nuit bengali.* Pour mieux comprendre leur relation, nous nous sommes appuyés sur deux approches différentes : l'approche politique et l'approche psychanalytique. Ainsi, dans la première partie de ce chapitre, suivant l'ouvrage d'Edward Saïd intitulé *Orientalism* (1978), nous avons observé qu'Allan exerce un certain pouvoir sur la femme orientale, Maitreyi. Elle reste muette

---

[75] Allusion à Bhagawat Gita II.20, Traduction de Maitreyi Devi, Unborn, eternal, everlasting, primeval, it does not die when the body dies.

dés le début de ce roman. Leur relation naît sur le jeu du pouvoir loin d'être une simple histoire amoureuse. Par conséquent, Eliade donne des opinions eurocentriques en appelant Maitreyi « un barbare » et Allan un « maître ». La deuxième partie se consacre aux motifs inconscients derrière la fascination et la construction érotique de la femme orientale. C'est pourquoi Maitreyi devient un objet inabordable de la jouissance dans ce roman d'Eliade. Ainsi, nous avons analysé l séries des fantaisies autour de Maitreyi dans ce roman en s'appuyant sur l'ouvrage de Yegenoglu, *Colonial Fantasies* (1998) et la notion lacanienne de la fantaisie.

Dans le deuxième chapitre, nous avons essayé de comprendre la condition de la femme orientale en parlant du roman, *It does not die*. La première partie montre l'Inde traditionnelle et le système patriarcal. Nous avons parlé des personnages comme Madame Sen, Shanti et Maitreyi qui se trouvent enfermées dans la maison. Dans la deuxième partie, nous avons montré le rapport entre la théorie de postcolonialisme et le féminisme en parlant du personnage de Maitreyi, la femme marginalisée par excellence parce que nous avons observé que l'idée du pouvoir s'opère même au sein de la famille. En plus, nous avons remarqué la politique derrière la 'représentation' de la femme orientale comme une créature érotique même opprimée et la structure sociale de l'Inde en mettant l'accent sur l'ouvrage de Gayatri Spivak, *Can the Subaltern Speak ?* (1988) Ce que demande la femme indienne, Maitreyi Devi, C'est d'établir sa propre identité en écrivant une contre-version de *La nuit bengali*.

Le dernier chapitre de ce livre, nous mène à comprendre le processus dans laquelle « the Empire writes back »[76]. C'est-à-dire, les facteurs sociopolitiques au 19e et 20e siècle qui jouent un rôle important pour que Maitreyi Devi puisse renverser les structures orientalistes et patriarcales à travers son écriture révolutionnaire. Dans la première

---

[76]. Allusion à l'ouvrage de Ashcroft, Griffiths and Tiffin, *The Empire Writes Back: Theory and practice in Post-colonial literatures*, Routledge , London, 1989

partie, nous avons parlé de la renaissance au Bengale qui mène à la renaissance de l'écriture au 20ᵉ siècle. *It does not die* fait allusion aux conflits sociopolitiques de cette époque qui rejettent la domination européenne mais accepte l'anglicisation de l'Inde. Ainsi que le roman de Devi est un produit de la pensée 'moderne' en s'appuyant sur le même processus européen d'écrire une histoire. La deuxième partie se consacre à la fin de l'oppression de la femme entre l'empire et le patriarcat parce que Maitreyi entre dans le 'monde' à travers son écriture. Elle conteste des valeurs de la société patriarcale et la construction orientaliste de la femme orientale en établissant un équilibre entre la tradition et la modernité. Mais elle ne nie pas son amour eternel pour Eliade. Elle espère une collaboration entre l'Orient et l'Occident hors de ce monde.

Nous constatons alors que la réponse de Maitreyi Devi évoque l'espoir d'un monde utopique où elle rêve d'une paix entre le monde Oriental et le monde Occidental. Ce qui fait allusion à la beauté de l'Orient. Des le début de cette étude, nous avons étudié la relation entre l'idée du savoir et du pouvoir et la politique de l'écriture. Bankim Racanbali parle de la différence primordiale entre la vision de l'Orient et de l'Occident en ce qui concerne l'idée du savoir :

> «'Knowledge is power': that is the slogan of Western Civilisation. 'Knowledge is salvation is the slogan of Hindu civilization.' »[77]

La nuit bengali d'Eliade marque un début de l'obsession d'Allan pour Maitreyi et la fin dans l'angoisse. Par contre, *It does not die* de Maitreyi Devi ne suit pas des règles linéaires de la narration. Le texte oscille entre le présent et le passé. Ne serait-il pas

---

[77] Chattopadhyaya Bankim, *Racambali Bankim, Bharatvarsa Paradhin kena?* Jogesh Chandra bagal edition, traduction par Partha Chatterjee, Calcutta, 1965, p. 222

intéressant de comparer ces deux ouvrages légendaires en faisant une étude de la structure narrative. Nous pouvons même faire une comparaison des deux ouvrages au niveau de la différence entre l'écriture 'masculine' et l'écriture 'féminine' en s'appuyant sur la théorie de Julia Kriesteva.

Malgré une grande hésitation, nous mettons le point final à ce livre.

Mais, nous n'avons jamais vu un dialogue si intéressant entre l'Orient et l'Occident au niveau littéraire dans lequel les deux auteurs parlent du même événement. Ce fut un grand plaisir…

BIBLIOGRAPHIE

Sources Primaires

1. DEVI Maitreyi, *It does not die*, éd. A writer's Workshop Publication, Calcutta, 1976.

2. ELIADE Mircea, *La nuit Bengali*, Édition Gallimard, Paris, 1950.

Sources Secondaires

1. ASHCROFT, GRIFFITHS and TIFFIN, *The Empire Writes Back: Theory and practice in Post-colonial literatures*, éd. Routledge, London, 1989.

2. CHATTERJEE Partha, *Nationalist Thought and the colonial World: A Derivative Discourse,* United Nations University, Tokyo, 1986.

3. CHATTERJEE Partha, *Nation and its fragments*, Priceton University Press, New Jersey, 1993.

4. LACAN Jacques, *Le Séminaire, Livre XX, Encore,* éd. Seuil, Paris, 1975.

5. LINE Sylvie, *Tagore Pèlerin de la lumière*, éd. Le Rocher, 1987.

6. LAGARDE et MICHARD, *Collection littéraire, 19ᵉ siècle*, Bordas, 1953.

7. MACFIE A.L., *Orientalism*, Pearson Education, London, 2002.

8. MANI Lata, *Contenious Traditions: the debate on sati in colonial India*, University of Calafornia Press, London, 1998.

9. MORTON Stephen, *Gayatri Chakravorty Spivak*, Routledge, London, 2003.

10. SAÏD Edward, *Orientalism,* Penguin Books, New Delhi,1991.

11. SHAKESPEARE William, *La tempête*, traduction de M. Guizot- Didié et Cie, 1864.

12. SPIVAK Gyatri, *Can The Subaltern Speak?*, éd. C. Nelson and Grossberg, Chicago, 1988a .

13. Verma k. Pawan, *Being Indian*, Penguin Edition, New Delhi, 2004.

14. YEGENOGLU Mayda, *Colonial fantasies: Towards a feminist reading of Orientalism,* Cambridge University Press, 1998.

Article cité:

1. FOUCAULT Michel (1980), « Les rapports de pouvoir passent à l'intérieur des corps », entretien avec L' Finas, La Quinzaine littéraire, numéro 247, 1977, p.4-6.
2. MOUHOUB,Yamina ,« Un "parfum d'Orient" dans la littérature française du XIXe siècle », in. Brèves littéraires, vol. 11, n° 3, 1997, p. 104-110, http://id.erudit.org/iderudit/5796ac
3. VANTA Ruth, « Man's power and woman's resistance », Lola Chatterji (editeur), Woman/Image/Text, New Delhi, Trianka, 1986.

Ouvrages consultés mais non pas cités:

1. BARRY Peter, *Beginning Theory: An introduction to literary and cultural Theory*, Manchester University Press, UK, 2008.

2. CONRAD Joesph, *Heart of Darkness*, Worldview edition, 1899.

3. ELIADE Mircea, *L'Inde,* éd de l'Herne,1988.

4. GLIGOR Michaela and RICKETTS Mac Linscott, *Professor Mircea Eliade: Reminiscences*, éd. Codex, Kolkatta, 2008.

5. MOUBAEHIR, *Simone de Beauvoir ou le souci de différence*, éd. Seghers, Paris, 1972.

6. PUWAR Nirmal and RAGHURAM Parvati, South *Asian Women in the Diaspora*, Edition Berg, New York, 2003.

7. RACKEVSKIS Karlis, *Michel Foucault and the Subversion of the Intellect*, Cornell University Press, Ithaca and London,1983.

Filmographie:

KLOTZ Nicholas, *The Bengali Night*, 1988.

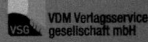